La science

17 RUE DU MONTPARNASSE 75298 PARIS CEDEX 06

Entrons dans ce livre

LE MONDE DE LA SCIENCE

Qu'est-ce que la science ?	8
Les expériences	10
Les mesures	12
Mesurer le temps	14
À chacun son métier	16

LES MATÉRIAUX, LA MATIÈRE

Les matériaux courants	18
Les matériaux de construction	20
Les formes	22
Solides, liquides et gaz	24
D'un état à un autre	26
Mélanger et dissoudre	28
Retirer la saleté	30
Sais-tu que…	32

L'ÉNERGIE

Formes d'énergie	34
D'où vient l'énergie ?	36
D'une énergie à l'autre	38
La chaleur	40
La chaleur circule	42

Effets de la température	44
Économiser l'énergie	46
Sais-tu que…	48

L'ÉLECTRICITÉ, LE MAGNÉTISME

L'électricité est partout	50
D'où vient l'électricité ?	52
Les piles	54
Les circuits électriques	56
Conducteurs, isolants	58
Les aimants	60
Sais-tu que…	62

LE MOUVEMENT

Des forces en action	64
La vitesse	66
Des forces opposées	68
Flotter, couler	70
La pesanteur	72
La pression	74
Le frottement	76
Réduire le frottement	78
Voler	80
Transporter, soulever	82
Sais-tu que …	84

LE SON

Qu'est-ce qu'un son ?	86
La vitesse du son	88
L'intensité des sons	90
Les aigus et les graves	92
L'écho	94
Le téléphone	96
Musique !	98
Sais-tu que…	100

LA LUMIÈRE, LES COULEURS

Qu'est-ce que la lumière ?	102
Les couleurs	104
Les ombres	106
La lumière se réfléchit	108
La lumière se réfracte	110
Les lentilles	112
À bicyclette…	114
Sais-tu que…	116

CHERCHONS DE A à Z 117

Le monde

de la science

Qu'est-ce que la science ?

Les scientifiques cherchent à expliquer le monde qui nous entoure. Leur savoir est important et constitue la science.

La science commence par l'observation. Observer, c'est regarder avec attention.

Mais c'est peut-être aussi sentir, toucher, écouter et goûter.

Le savant utilise des instruments pour observer. Avec un microscope, il voit des choses invisibles à l'œil nu. Avec une loupe, tu peux aussi découvrir des choses passionnantes.

🔍 Les expériences

Le monde qui nous entoure est fascinant
mais nous pose bien des questions.
En quoi les choses sont-elles faites?
Comment fonctionnent-elles?
Comment bougent-elles?

Un avion passe dans le ciel.
Comment fait-il pour voler?

Tu peux poser
la question
à un adulte.

Ou bien lire un livre
sur les avions.

Une façon amusante de trouver des réponses est de faire soi-même des expériences.

En voici une facile à réaliser. Plante des graines.
Il est indiqué sur le paquet d'arroser la terre.
Que se passerait-il si tu ne le faisais pas?
Les graines pousseraient-elles moins vite
ou ne pousseraient-elles pas du tout?

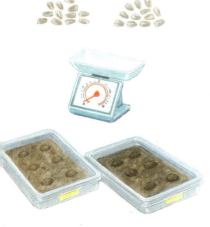

Pour le savoir, emplis de terre deux bacs identiques et sèmes-y le même nombre de graines. Arrose régulièrement la terre d'un seul des bacs, toujours le même.

🔍 Les mesures

Les scientifiques font eux aussi de nombreuses expériences pour trouver des réponses à leurs questions. Ils effectuent toutes sortes de mesures: taille, poids, température…

Observe les deux bacs pendant quelques semaines. Compte le nombre de plantes qui apparaissent dans chacun d'eux. Note chaque jour le résultat sur une feuille de papier.

2ᵉ SEMAINE	A	B
LUNDI	0	0
MARDI	0	1
MERCREDI	0	3
JEUDI	0	6
VENDREDI		
SAMEDI		
DIMANCHE		

Les scientifiques utilisent des ordinateurs pour analyser les différentes mesures qu'ils ont effectuées.

Les résultats des expériences sont parfois surprenants!

Compare les chiffres que tu as notés. Que prouve ton expérience? Des plantes ont-elles poussé dans le bac qui n'a pas été arrosé?

🔍 Mesurer le temps

Le temps est une notion importante pour les scientifiques. Ils ont souvent besoin de le mesurer avec une grande précision.

Observe un robinet qui fuit. Combien de gouttes tombent en une minute ?

Demande à une amie de sauter à la corde. Combien de sauts fait-elle en une minute ? Que se passerait-il si tu recommençais ces deux expériences ?
Il tomberait sans doute le même nombre de gouttes. Mais, si ton amie est fatiguée, elle sautera peut-être moins vite. Répète les expériences et compare les résultats.

Au cours des âges, les hommes ont inventé différents instruments pour mesurer le temps. L'ombre apparaissant sur un cadran solaire donne l'heure. Dans une horloge à eau, le niveau de l'eau, qui baisse régulièrement, mesure le temps écoulé. Une bougie graduée qui brûle lentement indique l'heure.

horloge à eau égyptienne

cadran solaire

sablier

chronomètre

pendule numérique

réveil

bougie

De nombreuses horloges fonctionnent avec des piles.

🔍 À chacun son métier

Les scientifiques ont chacun leur objet d'étude et leur façon de travailler.

Les astronomes observent les étoiles avec des télescopes.

Les chimistes étudient les éléments qui composent chaque objet.

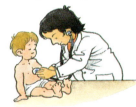

Les médecins apprennent à reconnaître les maladies et à les soigner.

Les géologues étudient les roches qui constituent la Terre.

Les mathématiciens étudient les nombres et les formes.

Les matériaux,

la matière

Matériaux courants

Observe les objets qui t'entourent. En quoi sont-ils faits ? Certains sont en métal ou en plastique, d'autres sont en bois ou en verre. Ce sont différents matériaux, qui peuvent être classés de plusieurs façons.

Voici trois groupes d'objets. Ils sont faits de matériaux différents. Observe les objets de chaque groupe. Qu'ont-ils en commun ?

Peux-tu regrouper ces objets d'une autre manière ?

brillant

mou

dur

19

Matériaux de construction

immeuble en acier et en béton

Certains matériaux de construction sont légers et permettent de déplacer l'habitation.

tente en toile

D'autres sont durs et restent en place très longtemps.

De nombreux matériaux doivent être très solides.

pont en pierre

Certains matériaux de construction sont faits pour résister au vent et à la mer.

D'autres empêchent la chaleur de sortir et le froid d'entrer.

phare en brique

serre en verre

toit en tuile

La plupart doivent être imperméables.

○ Les formes

Dans une construction, la forme a autant d'importance que le matériau utilisé.

Un triangle a trois côtés. C'est une structure très solide, souvent utilisée dans les constructions.

Compte le nombre de triangles figurant sur cette page.

tour Eiffel

toile d'araignée

cintre

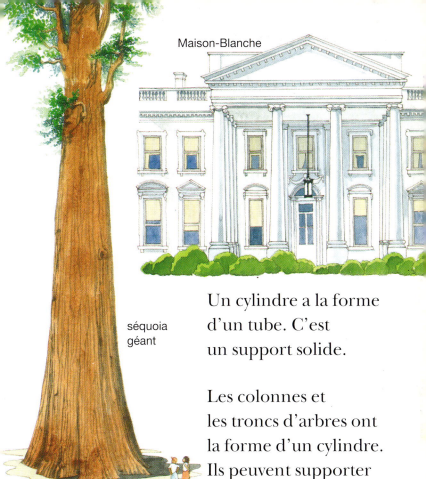

Maison-Blanche

séquoia géant

boîte de conserve

Un cylindre a la forme d'un tube. C'est un support solide.

Les colonnes et les troncs d'arbres ont la forme d'un cylindre. Ils peuvent supporter de lourdes charges.

De nombreux récipients ont une forme cylindrique.

Solides, liquides et gaz

Le monde est formé de corps solides, liquides
ou gazeux. Les solides ont une forme propre.
Certains sont durs (bois), d'autres mous (pain).

Les liquides prennent la forme du récipient
qui les contient. Certains, comme l'eau,
sont très fluides ; d'autres, comme le miel,
sont plus épais et coulent moins vite.
Les gaz s'échappent du récipient qui
les contient si celui-ci n'est pas bien fermé.
Ils se répandent alors partout.

Sous l'effet de la température,
les solides peuvent se transformer
en liquides et les liquides en gaz.
L'eau sort du robinet
à l'état liquide.

Lorsque l'eau gèle, elle
se transforme en glace
et devient un solide.
Lorsque la glace fond,
elle se retransforme en eau.

L'eau qui bout
s'évapore. Elle se
transforme en vapeur
et devient un gaz.

En refroidissant,
la vapeur se transforme
en gouttelettes d'eau.

25

D'un état à l'autre

De nombreuses substances se modifient sous l'effet de la chaleur ou du froid.

Lorsqu'un volcan entre en éruption, un épais liquide brûlant, la lave, en jaillit et coule sur ses pentes. Lorsque la lave refroidit, elle se transforme en une roche solide.

Lorsqu'on allume une bougie, la cire fond et coule le long de la bougie.
En se refroidissant, la cire redevient solide. Comme l'eau, la cire peut changer d'état et redevenir comme auparavant. Ces changements sont réversibles.

Sous l'effet de la chaleur,
certaines matières changent
d'état, mais ne retrouvent
plus leur état initial.

Un œuf sur le plat ne peut
pas redevenir cru!

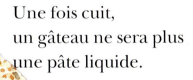

Une fois cuit,
un gâteau ne sera plus
une pâte liquide.

Lorsque le lait a tourné,
il est grumeleux et sent
mauvais. Il ne peut pas
redevenir fluide.
Tous ces changements
sont définitifs, ou irréversibles:
l'œuf, le gâteau et le lait
ne peuvent pas revenir
à leur état d'origine.

Mélanger et dissoudre

Lorsqu'on fait la cuisine, on mélange différents ingrédients. Mais ceux-ci ne se mélangent pas tous de la même façon. Certains semblent disparaître dans l'eau, d'autres ne se mélangent pas du tout.

Verse une cuillerée de sel dans un verre d'eau froide et remue. Fais la même chose avec une cuillerée de sucre, puis une cuillerée de farine. Obtiens-tu les mêmes résultats qu'ici ?

Sel	Il disparaît. L'eau reste claire.
Sucre	Il descend au fond. L'eau reste claire.
Farine	Elle disparaît en partie. L'eau devient trouble.

Les substances qui ont disparu dans l'eau se sont dissoutes. Certaines se dissolvent facilement dans l'eau chaude, comme le sucre dans le thé.

Lorsqu'une substance se dissout, que devient-elle ? Dissous du sel dans de l'eau et goûte l'eau. Quel goût a-t-elle ?

Le sel est toujours là et peut être récupéré. Laisse au soleil une assiette remplie d'eau salée. L'eau s'évapore, tandis que le sel reste dans la soucoupe.

Retirer la saleté

La saleté part facilement à l'eau. Pour nettoyer des bottes sales, il suffit de les passer sous l'eau froide. L'eau se mélange à la boue et la décolle des bottes.

Les assiettes sales se lavent dans de l'eau chaude savonneuse. Le liquide à vaisselle dissout les graisses.

Certaines taches ne peuvent être dissoutes que dans des liquides appelés des solvants. La peinture à l'huile, par exemple, ne se dissout que dans de l'essence de térébenthine ou du white-spirit.

Pour laver le linge, on utilise de la lessive.
Il en existe de nombreuses marques. Amuse-toi
à tester deux lessives de marque différente.
Prends deux vieux torchons et salis-les
de la même manière.

Lave-les dans de l'eau chaude, l'un avec
la première lessive, l'autre avec la seconde.
L'une des deux lessives dissout-elle mieux
les taches que l'autre ?

Sais-tu que...

💧 Au Moyen Âge, des savants ont essayé de transformer d'autres métaux en or. Ils n'ont pas réussi!

💧 Le diamant est le plus dur de tous les minéraux naturels. Il sert parfois à couper des matières très résistantes, comme le verre.

💧 La tour Eiffel mesure 320 mètres de haut; elle est en fer. Lorsqu'elle fut construite, en 1889, c'était le plus haut édifice du monde. Une antenne de télévision, qui se trouve aux États-Unis, mesure 628 mètres: c'est le record de hauteur!

💧 L'eau est le liquide le plus répandu sur la Terre, dont elle recouvre les trois quarts. Les deux tiers du corps humain sont composés d'eau.

L'énergie

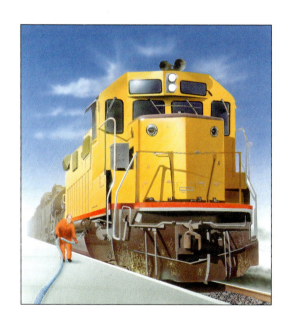

Formes d'énergie

L'énergie produit une force qui met en mouvement les objets.

Un bateau à voile utilise l'énergie du vent pour avancer. Nous puisons de l'énergie dans les aliments que nous mangeons.

Il y a de nombreuses formes d'énergie.

lumière

son

chaleur

électricité

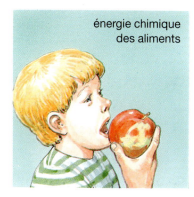

énergie chimique des aliments

énergie chimique de l'essence

D'où vient l'énergie?

Presque toute l'énergie provient du Soleil.
Ainsi, par exemple, l'énergie du Soleil fait
pousser l'herbe. Les vaches mangent l'herbe
et produisent du lait. Tu bois du lait
pour grandir. Le lait te donne de la force
et de l'énergie.

Bien avant que l'homme n'existe, des plantes et des animaux vivaient sur la Terre grâce à l'énergie du Soleil. Leurs restes se sont lentement transformés en pétrole, à partir duquel on produit aujourd'hui l'essence. Une voiture utilise donc l'énergie du Soleil !

D'une énergie à l'autre

Il est impossible de créer ou de détruire de l'énergie. Mais elle peut se transformer.

Quand tu branches et allumes un séchoir à cheveux, l'électricité arrive par le fil. L'énergie électrique se transforme alors en chaleur.

En même temps, l'électricité fait bouger les différentes pièces qui se trouvent à l'intérieur du séchoir.
En bougeant, ces pièces font du bruit.

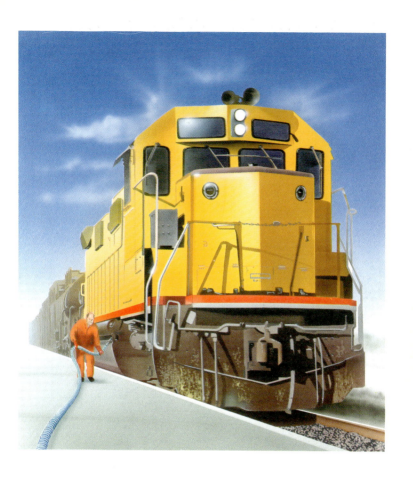

Certains trains ont un moteur Diesel
et marchent au gazole, une source d'énergie
chimique qui provient du pétrole. Cette
énergie se transforme en mouvement, pour
faire avancer le train, en chaleur et en son.

La chaleur

Tes mains deviennent chaudes si tu tiens une tasse de chocolat chaud, et froides si tu tiens une boule de neige.

Lorsqu'un objet est chaud, il dégage de la chaleur et se refroidit. La chaleur va toujours de l'objet le plus chaud vers l'objet le plus froid – de la tasse aux mains ou des mains à la boule de neige.

Lorsqu'un objet se refroidit, il dégage de la chaleur et sa température baisse. La température peut être mesurée à l'aide d'un thermomètre.

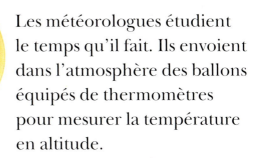

Les météorologues étudient le temps qu'il fait. Ils envoient dans l'atmosphère des ballons équipés de thermomètres pour mesurer la température en altitude.

On peut mesurer aussi la température dans les piscines, les baignoires les réfrigérateurs…

La température normale du corps humain est de 37°C. Elle se mesure, elle aussi, avec un thermomètre.

La chaleur circule

Lorsque deux objets sont en contact,
la chaleur circule de l'un à l'autre :
c'est la conduction. C'est ainsi que chauffe
une casserole sur le feu.
Un radiateur, par contre, chauffe l'air qui
l'entoure. L'air chaud monte.

L'air froid descend, est chauffé par le radiateur
et remonte. Ce mouvement est ce que
l'on appelle la convection.

La chaleur se répand aussi par radiation. Les objets chauds émettent de la chaleur sous forme de rayons, tout comme ce que tu ressens devant un feu. Le Soleil émet des rayons qui chauffent la Terre par radiation.

Demande à un adulte de remplir un verre d'eau bouillante. Plonges-y une cuillère en métal, une en plastique et une en bois. Touche les cuillères. Laquelle est la plus chaude ? Quel matériau conduit le mieux la chaleur ?

Effets de la température

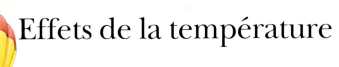

Le volume des matériaux augmente avec la chaleur : c'est la dilatation. Il diminue sous l'effet du froid : c'est la contraction. En chauffant, l'air se dilate et devient plus léger. C'est ainsi qu'un ballon à air chaud peut voler. En hiver, les câbles électriques se contractent.

L'eau est une exception. Lorsqu'elle gèle, son volume augmente au lieu de diminuer. Voilà pourquoi, par exemple, les conduites d'eau éclatent parfois en hiver.

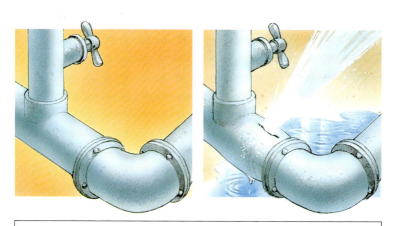

Remplis d'eau une petite bouteille en plastique. Bouche-la avec du papier d'aluminium et mets-la au congélateur. Observe la bouteille quelques heures plus tard. Que s'est-il passé? L'eau a gelé; son volume ayant augmenté, le bouchon est repoussé vers le haut.

Économiser l'énergie

Le charbon, le pétrole et le gaz sont des combustibles : en brûlant, ils produisent de l'énergie. Ils ont mis des millions d'années pour se former.

Si on les utilise sans compter, les réserves mondiales de gaz, de pétrole et de charbon risquent de s'épuiser. De plus, lorsqu'ils brûlent, ces combustibles dégagent des gaz qui polluent l'atmosphère.

Nous devons économiser l'énergie pour que les réserves de combustibles durent plus longtemps et qu'il y ait moins de pollution.

Pensons à éteindre la lumière quand on n'en a plus besoin.
Économisons l'eau chaude.
Fermons la fenêtre lorsque le radiateur est allumé.
Donnons les objets qui peuvent être réutilisés.

bonne isolation

Sais-tu que…

La Terre est à 150 millions de kilomètres du Soleil. Les rayons du Soleil mettent à peu près huit minutes pour atteindre la Terre. Les scientifiques pensent que le Soleil devrait encore produire de l'énergie pendant 5 millions d'années.

Le plus petit thermomètre du monde a été fabriqué par un savant américain, Frederick Sachs. Il permet de mesurer la température des organismes invisibles à l'œil nu. L'extrémité de ce thermomètre est 50 fois plus fine qu'un cheveu.

Les géologues pensent que les réserves de pétrole devraient durer encore 45 ans, celles de gaz, 60 ans, et celles de charbon, 200 ans.

Chaque fois que l'on recycle une boîte de jus de fruit en aluminium, on économise 95% du matériau nécessaire pour en fabriquer une nouvelle.

L'électricité,

le magnétisme

L'électricité est partout

L'électricité nous est très utile. Songe à tout ce qui s'arrête lorsqu'il y a une panne de courant.

Il existe deux sortes d'électricité :
l'électricité statique et le courant électrique.
L'électricité statique résulte du frottement
de deux matériaux. Peigne tes cheveux
énergiquement. Que se passe-t-il ?

Ils se chargent d'électricité statique et collent
au peigne. Frotte un ballon gonflable contre
ton chandail et appuie-le contre un mur : il
reste collé au mur, grâce à l'électricité statique.

L'électricité qui circule dans les fils
est appelée courant électrique.
*Fais attention au courant
électrique : il est très
dangereux !*

D'où vient l'électricité ?

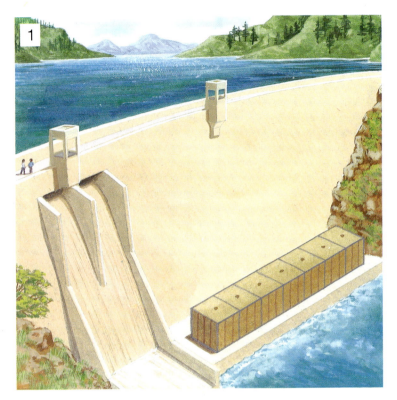

L'électricité peut être fabriquée à partir de l'eau. À l'intérieur d'un barrage (1), l'eau fait tourner des roues, les turbines (2). Ces turbines actionnent une machine, appelée générateur, qui produit de l'électricité sans provoquer de pollution de l'air.

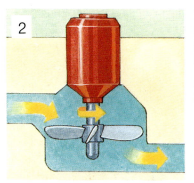

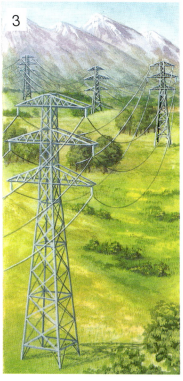

On peut aussi fabriquer de l'électricité en faisant brûler du charbon ou du pétrole ou en utilisant l'énergie nucléaire, énergie produite au cœur de certains éléments. Des câbles enfouis sous terre ou suspendus à des pylônes (3) acheminent l'électricité jusqu'à nous (4).

Les piles

Les piles constituent une petite réserve d'électricité. Elles sont très utiles, car faciles à transporter. La batterie d'une voiture emmagasine elle aussi de l'énergie électrique.

Toutes les piles renferment des produits chimiques qui, en réagissant ensemble, créent un courant électrique.

Ne joue jamais avec une pile : les produits chimiques qu'elle contient sont dangereux.

De nombreux appareils fonctionnent avec des piles. Il en existe de toutes les tailles et de toutes les formes. Certaines piles peuvent être rechargées et durent ainsi plus longtemps.

Les circuits électriques

Le chemin que parcourt l'électricité
dans les fils forme un circuit. Le courant
ne peut circuler que si ce circuit est fermé.

Le courant électrique sort de la pile par l'une
des extrémités, ou bornes.
Il traverse l'ampoule, qui s'allume, puis rentre
dans la pile par l'autre borne.

Si le circuit est ouvert, le courant électrique ne peut plus circuler. Un interrupteur est un appareil qui sert à fermer et à ouvrir un circuit électrique. Un trombone sert ici d'interrupteur. L'ampoule s'allume quand il ferme le circuit. Lorsqu'il ouvre le circuit, l'ampoule s'éteint.

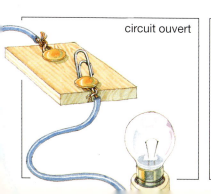

circuit ouvert

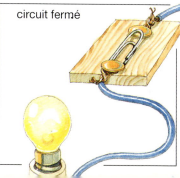

circuit fermé

Conducteurs, isolants

Certains matériaux laissent passer le courant électrique. Ce sont des conducteurs. Observe ces objets. Lesquels, à ton avis, laissent passer l'électricité ? Teste-les sur ce circuit.

Les objets qui laissent passer le courant sont de bons conducteurs.

Un paratonnerre protège un bâtiment de la foudre. C'est une tige de métal qui « conduit » vers le sol l'électricité dont la foudre est chargée.

Certains matériaux ne laissent pas passer l'électricité. Ce sont des isolants. Le plastique, le caoutchouc et le tissu sont de bons isolants.

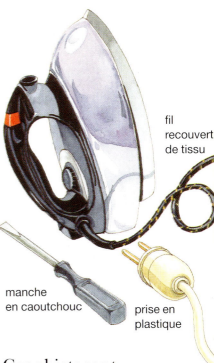

fil recouvert de tissu

manche en caoutchouc

prise en plastique

Ces objets sont protégés par des isolants.

Les aimants

Les aimants attirent certains matériaux. Ces matériaux sont dits magnétiques. Approche un aimant d'un trombone. Que se passe-t-il?

Essaie d'attraper divers objets avec un aimant. Lesquels sont magnétiques?

Chaque aimant a deux extrémités, ou pôles: un pôle nord et un pôle sud. Lorsqu'on rapproche deux aimants, le pôle nord de l'un attire le pôle sud de l'autre. Deux pôles semblables se repoussent.

La Terre ressemble à un énorme aimant. Elle a un pôle nord magnétique et un pôle sud magnétique. Les pôles des aimants sont attirés par ceux de la Terre.

L'aiguille d'une boussole est aimantée. Elle indique le nord.

Fabrique une boussole.
Frotte le pôle d'un aimant contre une aiguille 50 fois dans le même sens. Colle l'aiguille sur du liège. Pose le liège sur de l'eau. L'aiguille s'oriente vers le nord.

Sais-tu que...

Le plus grand barrage hydroélectrique du monde se trouve sur le Paraná, en Argentine.

Des moulins à vent modernes, ou éoliennes, produisent de l'électricité. Ces moulins sont souvent regroupés. On parle alors de «fermes» et non pas de centrales électriques.

En faisant voler un cerf-volant un jour d'orage, le savant américain Benjamin Franklin (1706-1790) démontra que les éclairs étaient des décharges électriques.

Le cerveau des oiseaux migrateurs contient de petits aimants, qui agissent comme une boussole. Les oiseaux parcourent ainsi des milliers de kilomètres sans se perdre.

Le mouvement

Des forces en action

Un objet bouge lorsque quelque chose le tire ou le pousse. Il est alors soumis à ce que l'on appelle une force. Cette force peut le faire démarrer, accélérer, ralentir, changer de direction ou s'arrêter.

Aucun objet ne peut bouger s'il n'est activé par une force. Sans l'existence de telles forces, tout serait immobile. Ainsi, tu sais maintenant que dès qu'un objet se met en mouvement, une force s'exerce sur lui pour l'animer.

La vitesse

La vitesse d'un objet en mouvement correspond à la distance que cet objet parcourt en un temps donné.

Une voiture de formule 1 roule à plus de 380 km/h. Un sportif court à une vitesse d'environ 18 km/h. Un escargot ne dépasse pas 0,02 km/h (soit 5 m/h).

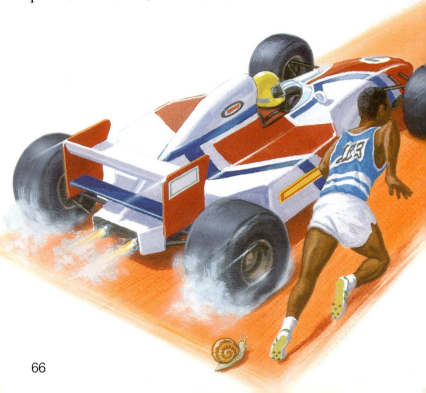

Que le plus rapide gagne !

La vitesse peut être calculée à l'aide d'un chronomètre.

L'homme le plus rapide : Carl Lewis a couru les 100 mètres en 9,86 secondes en 1991.

L'animal le plus rapide : un faucon pèlerin peut voler à 360 km/h.

La machine la plus rapide : la sonde solaire américano-allemande, Helios B, a atteint 240 000 km/h.

Des forces opposées

Pour que le kayak avance, le rameur doit plonger sa pagaie double dans l'eau et la pousser d'avant en arrière.

Toute force s'oppose à une autre force qui pousse dans la direction opposée. Un objet est immobile lorsque ces deux forces s'équilibrent.

Il faut être deux pour jouer à la bascule, l'un faisant monter l'autre.

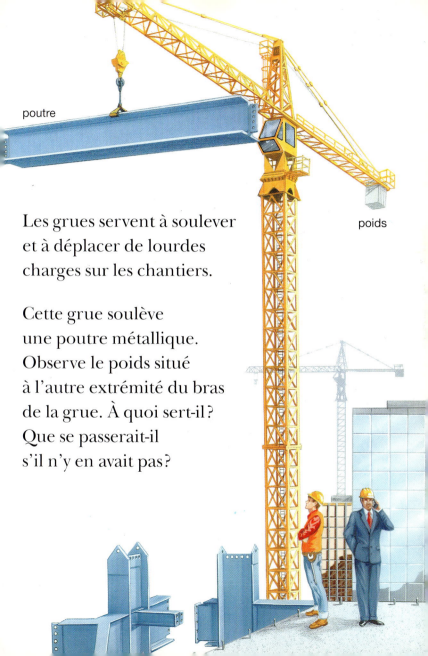

poutre

poids

Les grues servent à soulever et à déplacer de lourdes charges sur les chantiers.

Cette grue soulève une poutre métallique. Observe le poids situé à l'autre extrémité du bras de la grue. À quoi sert-il? Que se passerait-il s'il n'y en avait pas?

🐦 Flotter, couler

Rassemble divers objets. À ton avis, lesquels de ces objets flottent, lesquels coulent? Mets-les dans l'eau pour vérifier que tu ne t'es pas trompé. Un objet flotte lorsqu'il est soumis à des forces qui s'équilibrent.

À cause de son poids, un objet s'enfonce, mais l'eau le repousse vers le haut. Lorsqu'il est léger, la poussée de l'eau est plus forte et il flotte. Lorsqu'il est lourd, la poussée qu'il exerce sur l'eau est plus forte et il coule.

Une boule en pâte à modeler coule. Un bateau en pâte à modeler flotte. Il est en effet plus large et plus plat que la boule. Il est donc repoussé par une plus grande quantité d'eau. Les bateaux flottent grâce aux forces qui s'équilibrent.

La pesanteur

La pesanteur est une force qui entraîne toute chose vers le centre de la Terre. C'est pourquoi les objets tombent toujours vers le bas. Si tu lances un ballon en l'air, il retombera nécessairement par terre.

La Terre attire vers elle la Lune, qui tourne autour d'elle. Dans l'espace, la pesanteur est si faible que les corps flottent.

Le poids d'un objet
dépend
de la pesanteur.
Une balance
permet de peser
un objet, car elle
mesure la force
de pesanteur
que la Terre exerce
sur celui-ci.

La Lune exerce sur les objets une force
beaucoup moins grande que la Terre.
Ainsi, un bébé pesant 6 kg sur la Terre ne
pèserait que 1 kg sur la Lune.

sur la Terre   sur la Lune

🛩ﾞ La pression

Si tu marches dans la neige avec des raquettes, tu t'enfonces beaucoup moins qu'avec des chaussures. Pourquoi ? La pression est la force qui s'exerce sur une surface donnée. Avec des raquettes, ton poids se répartit sur une surface plus grande ; tu exerces donc une pression plus faible.

Presse un tube en plastique pour en chasser l'air.
Lâche le tube. Il reprend sa forme au fur
et à mesure que l'air y entre à nouveau.
Si tu refermes le tube après avoir chassé l'air,
celui-ci n'y entre plus et le tube reste comprimé.

L'air qui se trouve dans les pneus est soumis à une pression très forte, ce qui permet aux pneus de supporter une lourde charge.

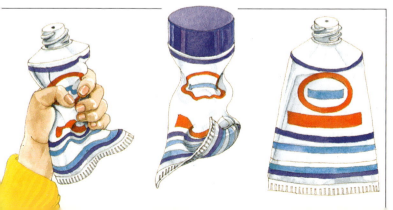

Le frottement

Le frottement est une force qui empêche deux surfaces de glisser l'une sur l'autre. Un tapis de bain, par exemple, empêche de glisser sur le sol humide, car il augmente le frottement.

Ces objets, dont la surface n'est pas lisse, produisent plus de frottement.

Lorsque tu fais de la luge, la neige fond sous l'effet de la pression. La luge glisse plus facilement sur la pellicule d'eau qui s'est ainsi formée.

L'huile que l'on met dans le moteur d'une voiture réduit les frottements et empêche le moteur de chauffer. En effet, tout frottement crée de la chaleur. Fais-en l'expérience en frottant tes mains l'une contre l'autre.

Réduire le frottement

Tout mouvement dans l'air crée un frottement. Lorsqu'un parachute s'ouvre, l'air le repousse vers le haut. Il est donc freiné et descend lentement vers le sol.

La membrane qui relie les pattes du lémur volant lui sert de parachute.

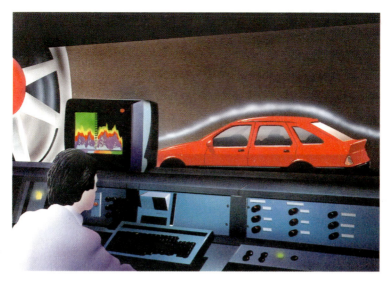

La forme des voitures est conçue pour limiter le frottement dans l'air et donc la consommation d'essence. Les écailles des poissons réduisent le frottement dans l'eau.
L'air glisse sur la combinaison des cyclistes.

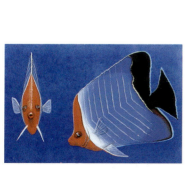

 # Voler

Comme les oiseaux, les avions ont des ailes
qui leur permettent de voler.
Observe bien les ailes de cet avion.

La partie supérieure est légèrement bombée,
de sorte que l'air circule plus vite au-dessus
des ailes qu'en dessous. L'air exerce ainsi
une pression plus forte sous les ailes
et soulève l'avion.

Un avion a une forme
aérodynamique.
Lorsqu'il vole, l'air
glisse facilement
sur toute sa surface,
sans rencontrer
de résistance.
Le frottement est
réduit au minimum.

Lance une feuille
de papier en l'air.
Elle ne vole pas bien,
car l'air la freine.
Fabrique un avion
en pliant la feuille.
Lance l'avion en l'air.
Pourquoi vole-t-il
mieux ?

Les oiseaux ont
une forme
aérodynamique.
Leurs ailes lisses
sont formées de
nombreuses plumes
serrées les unes
contre les autres.

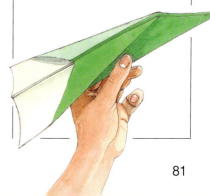

Transporter, soulever

Certaines choses ne sont pas faciles à porter.
De simples machines permettent
de les transporter en réduisant le frottement.

Les énormes pierres
du monument
de Stonehenge ont
sans doute été
transportées à l'aide
de troncs d'arbres.

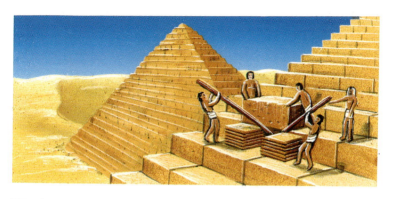

Un levier sert à soulever des choses très lourdes. C'est une barre qui bouge de part et d'autre d'un point fixe, comme une bascule. Ton bras peut te servir de levier.

Les Égyptiens utilisèrent sans doute des leviers en bois pour bouger les gros blocs de pierre formant les pyramides.

Une brouette a une roue et deux bras qui servent de leviers.

Sais-tu que…

À chacune de leur sortie dans l'espace, les astronautes grandissent un peu, car ils ne sont plus soumis à la force de pesanteur de la Terre. À leur retour sur Terre, ils retrouvent leur taille normale.

Léonard de Vinci (1452-1519) est un artiste célèbre, mais aussi un savant qui fit de nombreux dessins de machines volantes.

L'avion le plus rapide du monde est le Lockheed Blackbird qui, en 1976, atteignit la vitesse de 3529 km/h.

Le plus grand avion en papier du monde fut construit en 1992 dans une école américaine. Ses ailes mesuraient plus de 9 mètres de large. Il parcourut 35 mètres en volant.

Le son

♪ Qu'est-ce qu'un son ?

Un son est produit par un objet qui vibre, qui va et vient très rapidement. Lorsque tu parles, ta voix émet ainsi des ondes sonores.

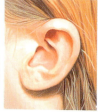

Appuie un ballon gonflable contre un haut-parleur. Sens-tu des vibrations ? Que se passe-t-il si tu augmentes le son de ta chaîne ?

Pour « voir » les vibrations, étale des grains de riz sur un tambour et tape sur un couvercle en fer-blanc. Le son fait sauter le riz !

Les ondes sonores ne circulent pas dans l'espace, car il n'y a pas d'air. Les astronautes communiquent par radio.

Le son circule très bien sous l'eau. Ainsi, les cris puissants des otaries mâles empêchent les autres mâles d'approcher des femelles.

La vitesse du son

Dans l'air, la vitesse du son est de 1 255 km/h.

Les avions supersoniques vont plus vite que le son. La vitesse record du Concorde est de 2 333 km/h.

Les éclairs et les coups de tonnerre se produisent en même temps. Nous voyons les éclairs avant d'entendre le tonnerre, car la lumière va plus vite que le son.

Le son voyage plus vite dans l'eau que dans l'air. Lorsqu'une baleine chante, son chant peut être entendu par des baleines nageant à 100 km de là. Colle ton oreille contre une table sur laquelle on tape. Écoute comme le son circule bien.

♪ L'intensité des sons

voix basse :
20
décibels

conversation :
60
décibels

circulation
dense :
80
décibels

marteau piqueur :
100
décibels

avion
à réaction :
130 décibels

baleine bleue :
188 décibels

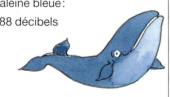

L'intensité d'un son dépend de l'amplitude des ondes sonores, c'est-à-dire de leur taille. L'intensité d'un son se mesure en décibels. Un chuchotement produit environ 20 décibels. Le chant d'une baleine bleue peut produire jusqu'à 188 décibels. Les sons très bruyants abîment le tympan. C'est pour cela que certains ouvriers se protègent du bruit avec un casque.

quel bruit !

Le son est perçu par les oreilles. Les oreilles des êtres vivants ont des formes très variées.

Les aigus et les graves

Certains sons sont hauts, ou aigus. D'autres sont bas, ou graves. Une contrebasse émet des sons très graves ; une flûte émet des sons aigus.

La hauteur d'un son dépend du nombre de vibrations par seconde. Plus ce nombre est élevé, plus le son est haut.

L'oreille humaine perçoit des sons allant de 20 à 20 000 vibrations par seconde. Ces chiffrent varient selon les animaux.

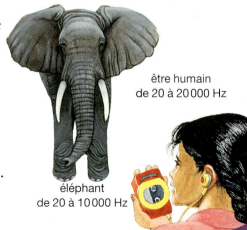

être humain
de 20 à 20 000 Hz

éléphant
de 20 à 10 000 Hz

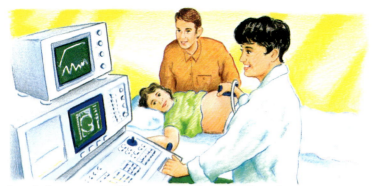

La fréquence d'un son, c'est-à-dire le nombre de vibrations par seconde, se mesure en hertz. (On écrit aussi Hz.) Les sons très aigus, ou ultrasons, ont une fréquence de plus de 20 000 hertz. Lors d'une échographie, par exemple, les ultrasons permettent de voir sur un écran l'image d'un bébé dans le ventre de sa mère.

---

chien
de 15 à 50 000 Hz

chat
de 60 à 65 000 Hz

chauve-souris
de 40 à 100 000 Hz

♪ L'écho

Lorsque des ondes sonores rencontrent une surface dure, par exemple une montagne, elles sont réfléchies et produisent un écho. Plus l'espace est petit, plus l'écho est fort.

Amuse-toi à produire un écho en criant dans un seau vide. Ta voix est réfléchie par les parois du seau et paraît plus forte.

Les bateaux et les sous-marins utilisent l'écho pour détecter ce qu'il y a sous l'eau.

Les salanganes émettent des ultrasons qui, en se réfléchissant contre les parois des grottes où elles nichent, les guident dans le noir.

♪ Le téléphone

Lorsque tu téléphones à un ami, ta voix fait vibrer la membrane du microphone. Celui-ci transforme les vibrations en signaux électriques qui circulent le long d'un fil. Lorsque ces signaux arrivent au téléphone de ton ami, ils font vibrer la membrane de l'écouteur. Celui-ci transforme les vibrations en sons.

Lorsque ton ami parle, les signaux circulent dans le sens inverse et tu entends sa voix. Un téléphone portable n'a pas de fil pour transmettre les sons. Ceux-ci sont transformés en ondes radio.

Amuse-toi à fabriquer un téléphone.

Il te faut deux pots de yaourt vides ou bien deux verres en carton. Perce un petit trou au fond de chaque pot. Fais passer une ficelle dans les deux trous et fais un nœud à chaque bout.

Prends l'un des pots et donne l'autre à un ami. Écartez-vous de sorte que la ficelle soit bien tendue. Parlez chacun à votre tour. Les ondes sonores circulent le long de la ficelle.

♪ Musique !

Avec des amis, fabriquez des instruments de musique et formez un orchestre.

Pour fabriquer un **orgue**, emplis de différentes quantités d'eau des bouteilles en verre. Frappe avec des cuillères.

Un peigne posé entre deux feuilles de papier devient un **harmonica**.

Réalise un **hochet** en collant ensemble deux pots de yaourt contenant des haricots secs. Colle un rouleau en carton pour le manche.

Pour la **guitare**, tends des élastiques sur un moule à gâteau.

Pour jouer du **trombone**, souffle dans un tuyau en plastique plongé dans un seau d'eau.

Frotte un crayon sur une bouteille cannelée : tu obtiens d'autres sons.

Des pailles en plastique collées sur du carton se transforment en **flûte de Pan**.

Sais-tu que…

♪ Lors du lancement de la fusée Saturne V, on a produit le son le plus fort jamais enregistré. Il mesurait 210 décibels.

♪ Le capitaine Charles Yeager fut le premier, en 1947, à franchir le mur du son, c'est-à-dire à dépasser la vitesse du son. Il pilotait un avion Bell X-1 et survolait la Californie, aux États-Unis.

♪ L'écho le plus long jamais entendu a été produit en fermant une porte d'un monument funéraire en Écosse. Il dura 15 secondes.

♪ Le téléphone fut inventé par Graham Bell, un savant américain. Son assistant fut très surpris d'entendre soudain dans l'appareil la voix de Bell lui dire: "Venez ici, Monsieur Watson. J'ai besoin de vous." Ce fut la première conversation téléphonique.

La lumière,

les couleurs

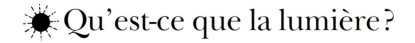 Qu'est-ce que la lumière ?

La lumière du Soleil est une forme d'énergie.
Elle est produite par la chaleur du Soleil.
Elle traverse l'espace sous forme d'ondes
lumineuses, à la vitesse la plus élevée que l'on
connaisse : près de 300 000 km/s.

La nuit, le Soleil n'éclaire plus la
Terre. Pour s'éclairer, l'homme
fit d'abord du feu. Puis il alluma
des chandelles et des lampes
à pétrole. Aujourd'hui, nous
utilisons la lumière artificielle
produite par l'électricité.

Les matériaux transparents, comme le verre, laissent passer la lumière. Les matériaux translucides la laissent passer en partie. Les matériaux opaques absorbent la lumière. Choisis différents matériaux et mets-les devant la lumière. Vois-tu bien à travers?

☀ Les couleurs

La lumière du Soleil semble incolore ou blanche. En réalité, elle est formée d'un mélange des sept couleurs de l'arc-en-ciel: le rouge, l'orangé, le jaune, le vert, le bleu, l'indigo et le violet. Un arc-en-ciel se forme lorsque la lumière du Soleil traverse des gouttes de pluie. Comment obtenir du blanc à partir de ces couleurs?

Divise en sept un disque en carton et colorie-le avec les couleurs de l'arc-en-ciel. Enfonce un crayon au milieu du disque, fais tourner le disque. Que vois-tu?

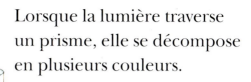

Lorsque la lumière traverse un prisme, elle se décompose en plusieurs couleurs.

Place devant une fenêtre un morceau de carton percé d'une fente. Mets un verre d'eau devant le carton et glisse du papier blanc sous le verre. Observe comment la lumière se décompose.

Les objets sont de couleurs différentes car ils absorbent certaines couleurs de la lumière et en réfléchissent d'autres. Une banane est jaune car elle réfléchit le jaune. Certains animaux ne voient qu'en noir et blanc.

☀ Les ombres

La lumière se déplace toujours en ligne droite. Lorsqu'elle arrive sur un objet opaque, celui-ci l'absorbe et projette une ombre.

Projette des ombres dans une pièce noire avec une lampe de poche…

… ou dehors au soleil.

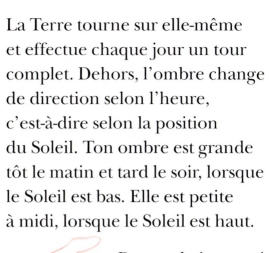

La Terre tourne sur elle-même et effectue chaque jour un tour complet. Dehors, l'ombre change de direction selon l'heure, c'est-à-dire selon la position du Soleil. Ton ombre est grande tôt le matin et tard le soir, lorsque le Soleil est bas. Elle est petite à midi, lorsque le Soleil est haut.

Demande à un ami de dessiner ton ombre à différents moments de la journée ; tu auras ainsi un cadran solaire à ton image.

Un cadran solaire est une sorte d'horloge. L'ombre projetée par le Soleil indique l'heure.

☀ La lumière se réfléchit

La Lune n'émet pas de lumière, mais elle réfléchit la lumière du Soleil. C'est pourquoi, certaines nuits, nous la voyons briller, alors que nous ne voyons pas le Soleil. C'est ce que l'on appelle le clair de lune. Parfois même, celui-ci se reflète dans l'eau.

Lorsque la lumière atteint un objet lisse et brillant, elle est réfléchie par cet objet. Ainsi quand tu te regardes dans un miroir, qui est une plaque de verre collée sur une feuille de métal luisant, tu vois ta propre image.

As-tu remarqué que tout ce qui apparaît dans un miroir est inversé ?

De nombreux objets brillants réfléchissent la lumière.

☀ La lumière se réfracte

Plonge une paille dans un verre d'eau. Elle semble cassée en deux à la surface de l'eau. Cet effet est dû à la réfraction.

La lumière ne traverse pas tous les matériaux à la même vitesse. Elle se déplace plus vite dans l'air que dans l'eau. Lorsqu'elle passe d'un matériau à un autre, elle est légèrement déviée, ou réfractée.

Mets une pièce dans un verre d'eau et observe-la sous des angles différents. Du fait de la réfraction, elle semble changer de taille et de forme.

Observe un poisson rouge dans un bocal.
N'as-tu pas l'impression qu'il grossit lorsqu'il nage vers toi ?

Les rayons lumineux sont déviés par les parois arrondies du bocal, d'où cet effet de grossissement.

Observe une pièce de monnaie avec une loupe. Le verre de la loupe étant incurvé, il dévie les rayons lumineux, et la pièce semble plus grosse.

☀ Les lentilles

Les lentilles sont de petits morceaux de verre taillés pour dévier la lumière. Selon leur forme, elles grossissent ou rétrécissent les objets.

télescope

appareil photo

jumelles

Les lentilles convexes, courbées vers l'extérieur, grossissent les objets. Les lentilles concaves, courbées vers l'intérieur, rétrécissent les objets.

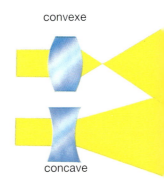
convexe

concave

Certains appareils photo avec des lentilles mobiles (zoom) permettent de faire des gros plans. Avec des jumelles, tu peux voir des oiseaux voler au loin. Avec un télescope, tu peux observer les étoiles. Un microscope permet de voir des choses invisibles à l'œil nu.

microscope

Les lunettes et les lentilles de contact servent à améliorer la vision.

Les myopes voient mal les objets éloignés ; ils ont besoin de lentilles concaves. Les presbytes voient mal les objets proches ; ils ont besoin de lentilles convexes.

☀ À bicyclette…

Si tu examines bien ta bicyclette, tu verras que de nombreuses notions scientifiques y sont mises en application.

L'**énergie** nécessaire pour mettre la bicyclette en mouvement est obtenue en appuyant sur les pédales.

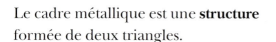

Le cadre métallique est une **structure** formée de deux triangles.

La chaîne doit être bien huilée pour réduire les **frottements**.

L'air glisse sur le casque, qui a une **forme** aérodynamique.

La sonnette produit un **son** perçant.

Un compteur indique la **vitesse**.

Le phare fonctionne avec une **pile**.

Les pneus sont rugueux, de manière à augmenter le **frottement** et à mieux adhérer à la route.

La **pression** de l'air dans les pneus est élevée.

Le **frottement** du frein contre la roue ralentit la bicyclette.

Sais-tu que…

☀ Sir Isaac Newton fut l'un des plus grands savants de tous les temps. Il utilisa un prisme de verre pour prouver que la lumière était composée de différentes couleurs.

☀ N'importe quelle couleur peut être obtenue à partir des sept couleurs de l'arc-en-ciel. L'œil humain peut percevoir 10 millions de couleurs différentes.

☀ Le télescope spatial Hubble a été lancé dans l'espace en 1990. Il devait permettre d'observer l'Univers avec plus de précision. Il envoya malheureusement des images floues. En 1993, des astronautes sortirent dans l'espace pour réparer son miroir.

Cherchons de A à Z

Abeille 32
aérodynamique 81, 115
aile 80-81, 84
aimant 60-61
air 41, 42, 44, 46, 74, 78, 81, 86, 88, 110, 115
alchimiste 32
aliments 34-35
ampoule 56-57
animal 32, 37, 67, 92, 105
antenne de télévision 32
arc-en-ciel 104, 116
astronaute 84, 87, 116
astronome 16
avion 10, 80-81, 84, 88, 90, 100

Baleine 89, 92
ballon 41, 44, 51, 86
barrage 52, 62
bascule 68, 83
bateau 34, 71, 94
Bell, Graham 100
bicyclette 114-115
bougie 15, 26, 102
boussole 61, 62
brouette 83

Cadran solaire 15, 107
camion 75
chaleur 35, 38, 44, 77, 102
changement 25, 27, 32, 38-39, 40, 110
charbon 46, 48, 53
chat 93
chauve-souris 93
chien 93
chimiste 16
circuit 56-57
cire 26
combustible 46-47
Concorde 88
condensation 25
conducteur 58
conduction 42-43
contraction 44
convection 42
corps 32
couler 70-71
couleurs 104, 105, 116
courant électrique 51
cycliste 79, 114-115

De Vinci, Léonard 84
décibels 90, 100

diamant 32
dilatation 44-45
dissolution 28-31

Eau 13, 15, 25, 26, 28-31, 32, 43, 45, 61, 70-71, 77, 79, 87, 89, 94, 98-99, 105, 108, 110-111
écho 94-95, 100
échographie 93
éclair 62, 88
électricité 35, 38, 50 à 59, 62, 102
éléphant 92
énergie 34 à 48, 53, 102, 115
escargot 66
espace 43, 72, 87, 102, 116
essence 35, 37
étoile 16, 113
évaporation 25, 29
expérience 10 à 13

Faucon pèlerin 67
feu 102
flotter 61, 70-71

force 64-65, 68 à 70, 72, 74, 76
forme 22-23, 79, 81, 110
foudre 58
Franklin, Benjamin 62
frottement 76 à 81, 82, 114-115

Gâteau 27
gaz 24-25, 46, 48
gazole 39
géologue 16, 48
glace 25, 45
grue 69

Hertz 93
huile 77, 114

Interrupteur 57, 58

Lait 27, 36
lampe de poche 55, 106
lave 26
lémur volant 78
lentilles 112-113
lessive 31
levier 83, 115
liquide 26 à 29, 32, 34

loupe 9, 111
luge 77
lumière 35, 88, 102 à 113, 116
lumière du Soleil 102, 104
Lune 72-73, 108

Machine 82
mathématicien 16
médecin 16
mélanger 28-29, 30
mesurer 12 à 15, 32, 40-41, 48, 67, 73, 90, 94, 100
métal 18, 32, 43, 58, 109, 114
météorologue 41
microscope 9, 113
miroir 109, 116
mouvement 38, 39, 42-43, 64 à 84, 110, 114
mur du son 100
musique 98-99

Neige 40, 74, 77
Newton, Isaac 116

Observer 8-9
œuf 27

oiseau 62, 67, 81
ombre 106-107
onde sonore 86-87, 90, 92-93, 94-95
oreille 91, 92
otarie 87

Papier 81, 84, 98, 99
parachute 78, 84
pesanteur 72-73, 84, 116
pétrole 37, 39, 46, 48, 53, 102
pile 15, 54-58, 115
plante 12-13, 37
pneu 75, 114
poids 12, 69, 70, 73, 74
poisson 79
pôle 60-61
poussée 70, 71, 115
pression 74-75, 77, 80, 114
prisme 105, 116
pyramide 83

Radiation 43
rameur 68
réflexion 108-109
réfraction 110-111
roue 82-83, 114

Sachs, Frederick 48
salangane 95
Saturne V 100
scientifiques 8 à 16
séchoir à cheveux 38
sel 29-30
Soleil 36-37, 43, 48, 102, 107, 108
solide 24 à 27, 32, 87
solvant 30
son 35, 38-39, 86 à 100, 115
sonde solaire 67
sous-marin 94-95
Stonehenge 82
structure 20
sucre 28-29

Taille 12, 110 à 113
téléphone 96-97, 100
télescope 16, 113, 116
température 12, 25, 40-41, 48
temps 14-15, 95, 107
Terre 16, 32, 41, 46, 48, 61, 72-73, 84, 107
tester 31, 58
thermomètre 40-41, 48
tonnerre 62, 88
tour Eiffel 22, 32
train 39

Ultrason 93

Vapeur 25
vent 34, 62
verre 18, 21, 98, 103, 105, 109 à 113, 116
vibration 86, 92-93, 96
vitesse 66-67, 88-89, 100, 102, 110, 115
voiture 37, 46, 54, 66, 77, 79
volcan 26
voler 80-81, 100

Yeager, Charles 100